U0338226

意桥岛·枫之庭

「自然式」山水

——杨健生作品集

杨健生 著

SPM
南方出版传媒
广东经济出版社
·广州·

作者简介

杨健生

广州和之枫设计总监兼高级环境艺术师
中国建筑文化艺术协会环境艺术专业委员会理事

1964 年生于广州番禺，从艺已有二十余年。自幼对美术有着浓厚的兴趣，儿时有幸在国家一级美术师吴钊洪老师门下学习水墨山水画，学习期间深受老师的艺术熏陶，再加上自身对大自然的神往，从绘画过程中领悟到了人与大自然天人合一的境界，为日后的庭院设计工作奠定了扎实的基础。

获奖经历

2020 年荣获全国人居·筑景设计金奖
2019 年荣获全国人居·筑景设计杰出创意奖
2019 年荣获全国人居·筑景年度资深设计人物奖
2017 年荣获广东省五一劳动奖章
2017 年荣获年度办公会所庭院设计优秀作品奖
2016 年荣获第六届艾景奖·国际园林景观规划设计大赛年度十佳景观设计奖
2015 年荣获第五届艾景奖·国际园林景观规划设计大赛年度优秀景观设计奖
2014 年荣获第五届中国国际空间环境艺术设计大赛（筑巢奖）园林景观工程银奖
2013 年荣获年度杰出景观规划师
2012 年荣获第三届中国国际空间环境艺术设计大赛（筑巢奖）设计金奖
2011 年荣获国际筑巢奖空间设计大赛优秀奖

优秀作品

2020 年上海“松枫苑”私人会所
2019 年广州 CEO 官邸和风庭院
2018 年广州雅居乐“观湖庭”
2016 年番禺“意桥岛游艇会”日式庭院
2015 年南沙荟萃雅苑别墅园林景观
2013 年广州南村妇幼医院园林景观
2012 年广州（BMW）宝骏旗舰店园林景观

前言

能在本作品集中和大家分享我的个人心得，我感到十分的荣幸。

简单朴实、回归自然是我造园的设计理念。我在创作作品的时候，首先会聆听委托人的需求，并登门拜访，研究他们造园的用途和目的，然后结合当地的气候、环境、地形高差等特点进行设计。园林艺术是一门传统的文化艺术，蕴含意境的表达，能让人在生活场景中体会思想情感与环境融为一体的感觉，其特点是“景中有情、情中有景、情景交融”，这与现代人的生活方式与习惯有所不同，所以设计师在设计过程中要合理取舍。庭院设计是一个非标准化而且艺术性要求非常高的行业，绝不能生搬硬套，要有创新的思维。我用“有舍才有得”的人生哲理来规划庭院的布局，创作时融入现代美学元素，进行因地制宜、合理周密的施工，达至“天人合一，道法自然”的完美效果。

作为一个庭院设计者以及一名匠人，我会用设计唤起人们对自然的向往，无论是选材、置石、配置植物还是对每个细节的把握，我都会亲力亲为，以“修行”的方式来提升自己的意境和技能，以能传承后世为目标去完成作品，用匠人匠心的精神打造“虽是人工，胜似自然”的艺术场景，让人与自然和谐共处。我将大自然的美景“搬回”都市，使人们在喧嚣的“石屎森林”中也能寻找到一处静谧之地，在休闲的同时也能享受自然、宁静、惬意的都市生活……

杨健生

2021 年 9 月 3 日

杨健生（右）与国家一级美术师吴钊洪（左）的合照

园林景观 景观园林

最近，在一次活动中，一位壮年汉子笔直向我走来，他有点激动地伸出双臂紧握我的手道:“吴老师！”我一时之间认不出他来，略感尴尬。经他一说，我认出来了，原来，站在我面前的，竟是我三十多年前的绘画门徒——杨健生。喜逢健生筹划出版作品集，欣然写点感受。

当年一幕幕教学的场景，如今历历在目。我与杨健生第一次见面是他跟他舅舅来学艺，少年时的健生长相英俊，眼里溢出聪慧。当时他家经济条件不富裕，无法负担宣纸笔墨的费用，他只能用白报纸代替宣纸画画，我也因此没有收他的学费……如今的他，已是一位非常出色的造园专家。我问他，现在还有画画吗？他说：“有，绘画坚持下来了。”我深感欣慰！

我国改革开放大潮，影响着每一个人。杨健生在那个年代，曾经经商做生意，因为对日式园林情有独钟，他毅然将蒸蒸日上的生意放下，转行进入园林设计行业当中。在学习国画的过程中他掌握了素描基础、构图的能力，也锻炼出了凭空造景的想象力。通过采风的积累、旅游的感悟，他领悟到人与大自然天人合一的境界，他运用这一理念，在艺术创作过程中形成了属于自己的独特见解。

园林是立体艺术，绘画是平面艺术，如何把两者结合起来，这考验着杨健生。他以敏捷的观察能力和独特的创作思维，在实践过程中不断学习，时刻提高自己的艺术修养。因为勤奋的个性和不辞辛苦的实地操刀，如今的他已成功地将平面艺术运用到园林景观的立体设计中，从建造个人别墅庭院到大型建筑景观，他越来越游刃有余。杨健生创作的每一件作品都包含着他独特的艺术眼光，每一件作品都生动地展现出了他对大自然的神往与敬仰。

在不断打磨修炼的过程中，他曾去日本、美国、意大利等国家游学，鉴赏当地最具代表或著名的景观，开阔自己的视野，并将游学中学到的设计理念，领悟到的风土人情融入设计中。如今他已拥有自己的设计公司和设计团队，并打造出了一个既能观赏又能禅修的“枫之庭”日式园林。

纵观杨健生的作品，景观中的一树一木、一池一石、一花一草，无不体现作者的呕心沥血、匠心独运。番禺意桥岛“禅之庭”、广州（BMW）宝骏旗舰店“和风庭院”、上海“松枫苑”和“枫之庭”等作品各具特色，都获得了业界的好评。

虽然许久未见，但从他坚毅的眼神中我看到了他对园林的热爱，甚是感慨，由此汇集出我对他的一番赞言。再次祝贺他的景观设计事业更上一层楼！

禅之庭手绘图

目录

意桥岛　禅之庭

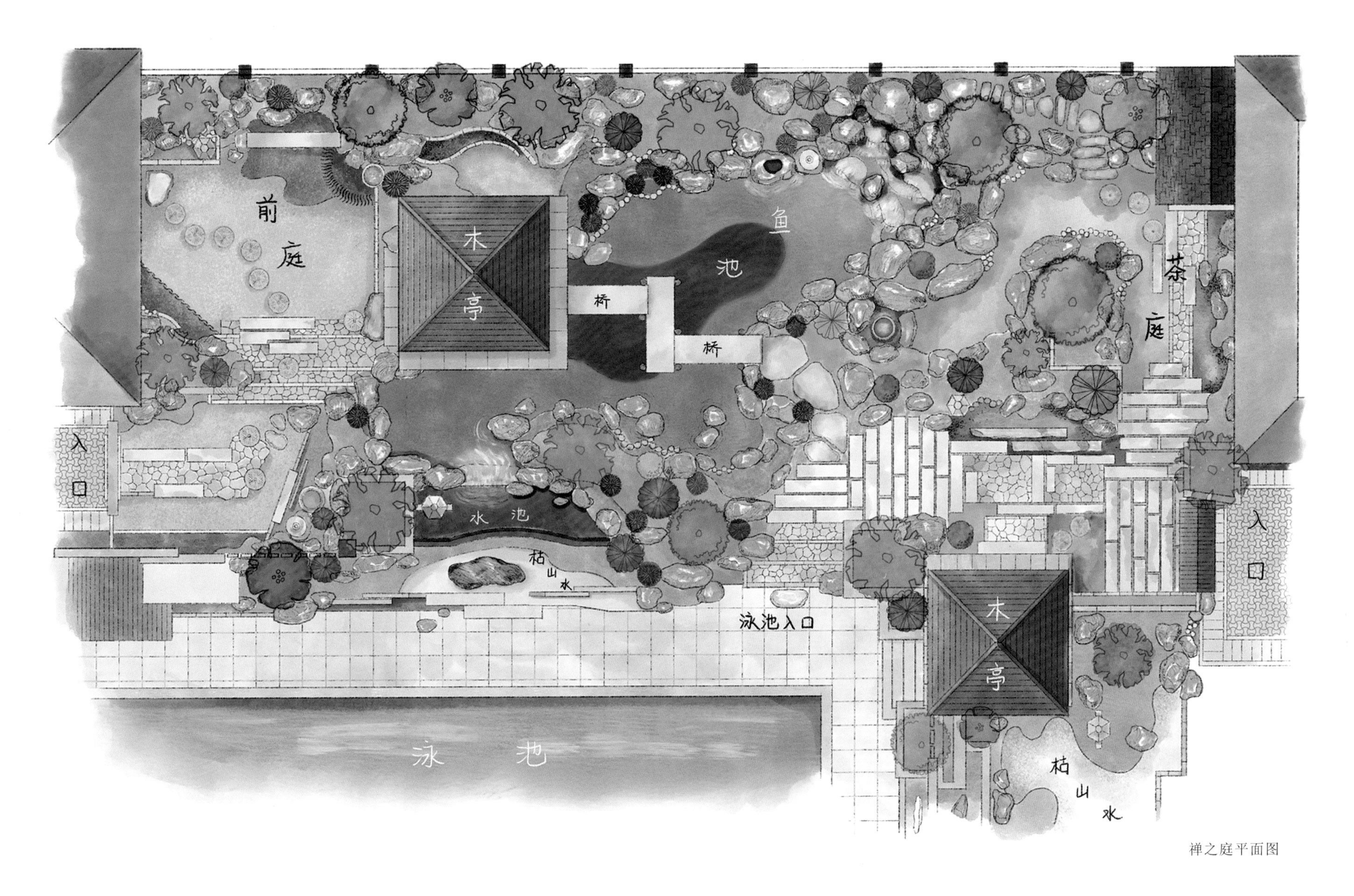

禅之庭平面图

意桥岛位处广州市城区中心一个宁静的村庄内，两旁河道宽阔，环境优美，河上停泊着豪华游艇还有水上设施，是非常适合水上运动和休闲的好地方。这里占地面积约18000平方米，有泳池区和俱乐部前广场两个空间。意桥岛游艇会改造项目初期，这里划分出了泳池区会所旁的空间用以改造成日式园林。如何将这两个风格各异的空间相互融合，是我设计的首要任务。

禅之庭引入日式园林中“自然式山水”的概念，在庭院里设置以石山瀑布为主的鱼池空间，辅以置石、树木、花草、砂砾等元素来丰富细节，从而构成一个完整且独立的禅意空间。现代生活的快节奏迫使人们过着被时间追赶的忙碌生活，而禅之庭的诞生，则是为了让人们唤醒自己的内心，放缓脚步，放下心中沉重的石块，在贴近自然的安静空间中感受内心难得的安宁……

禅之庭入口圆拱门

入口玄关处，一道自然纹的花岗石挡土墙与罗汉松、植物和置石一同构建出优美的罗汉松造型景观，既能隔绝一部分直视前庭的视线，又能与其他的庭院景观相互辉映。用切石和花岗石块拼贴而成的石铺路两边设置的蹲踞小品、置石、植物、切片飞石和台阶处的铺石能缓和客人到达观景木亭前的心情，提升游客游览时的愉悦感。

雪见石灯笼放置在入口处显眼的平石上，在灌木丛间尤为亮眼，吸引游客观赏的目光。

庭院一角处开阔区域，石磨盘所铺贴的道路连接成一处动线。造型独特的石灯笼和石拱桥依傍在一起，放置在景观最显眼的位置，再用绿植作为点缀，构成前庭的枯山水景观。

园路与观景木亭连接，从庭院玄关沿着园路可一直行至前庭。用花岗石碎石板和切石作为台阶缓和了地面的高差。巨大的石块被切割成踏石，留下了自然的边缘。

各种庭院植被经过梳理，精心地栽种在泰山石周围。苍翠挺拔的罗汉松立于园中，它如雕塑般的艺术造型突显着自然生命力的美。

"之"字桥横跨鱼池之上，站在桥上能近距离欣赏流水石山的壮丽景致，也能观赏到池中大片聚集的锦鲤。

观景木亭的一侧，一座“之”字桥越于鱼池之上，这座桥是观赏整个禅之庭的重要园路。

迂回曲折的“之”字桥，为观景过程行走增添了雅趣，让观赏者在池中停留多些时间，感受自然的景色。鱼池周边的灌木在乱石丛间生长，好一片依山傍水的自然风光。

禅之庭全景图

石缝中的菖蒲参差不齐，自由地生长，其别出心裁的栽种方式突显出了自然的野趣。

庭院中心的观景鱼池，景石被摆放成气势浩荡的巨山瀑布石群，其周围栽种的植物层次分明，共同构成巧夺天工的自然池泉景观。石缝间流淌的瀑布流水形如丝带般顺滑落下，消失于平静的水面。

禅之庭手绘图

从远处看，清澈的银白色水流就像丝带一样，在高大鼎立的置石之间流动。水流撞击着石块的棱角，飞溅起朵朵宛如珍珠般的浪花。

锦鲤鱼群在清澈的水里悠然自得。

池边的置石错落有致，经过手工雕琢的石块变成喷涌泉水的石钵，石灯笼放置在其旁边增添了野趣。大叶菖蒲在石缝中生长，形成一幅自然山溪景观画卷。水池边，浑然天成的景石与虬曲苍劲的黑松刚柔并济。背景墙用竹篱笆与外界隔开，同时把墙外大树借入景中，更显院内广阔寂静。

鱼池岸边铺满了天然的鹅卵石块，让池水有了延伸的感觉，游人也能感受到设计师精心巧妙的设置。

气势恢宏的假山瀑布与高耸而立的松树并列在一起。阶梯式的假山瀑布是整个鱼池的焦点，将人们的视线吸引到瀑布的高处。看着涓涓水流在石缝之间流淌，随即流入池中，游人可感受其迸发出的强烈动感。

涌泉旁的雪见石灯笼

岸上，茂密的黑松从置石间伸展出来，似跃入鱼池般自然生长。奔腾的泉水从石块的洞口涌出，流入水池中。石群之间，溪水从山峰顶端顺流而下，在层层堆叠的石缝或水草之中似飘带一般流动，最终流向末端，溅起雪白的水花。坐落在岸边卧石上的石灯笼掩映在四周树木之中，听着悦耳的水流声，别有一缕余韵。

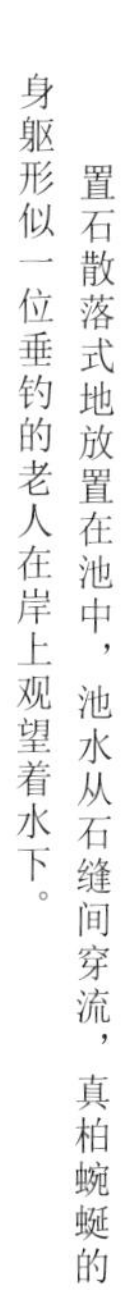

置石散落式地放置在池中，池水从石缝间穿流，真柏蜿蜒的身躯形似一位垂钓的老人在岸上观望着水下。

用鹅卵石铺贴而成的滩涂露出水面，各种形状的景石自然地分布在滩涂各处。真柏几乎横卧于池面，郁郁葱葱，枝繁叶茂。

池水平静得宛若一面巨大的镜子，倒映着水面之上的景石和真柏，一切美不胜收，让人感觉仿佛走进了画卷之中。

禅之庭全景图

观景木亭手绘图

由菠萝格材料构建的观景木亭置立在鱼池的一角，是整个庭院必经的园路之一。人们在此停步观景，稍作歇息。经修饰过后的木亭古韵十足，为整个庭院增色生辉。

庭院内精心布置的草木，与置石相辅相成，一同形成视觉上的景深效果。

水景墙旁的休闲木亭，根据庭院与泳池区的高差设置了缓步台阶。

如翠玉般的水面之下，锦鲤鱼群悠然自得。

从泳池进入园区的道路由大块的旧麻石板和黄蜡石切片铺贴，直至鱼池的石桥。一部分延伸到路面的鱼池边缘用鹅卵石块铺贴，旁边由不同形态的置石修饰。寄生在石缝之间的菖蒲增添了鱼池生态的自然感。

石板边缘原本凹凸不平的纹理被保留了下来，藏匿在草坪之间，充满野趣。

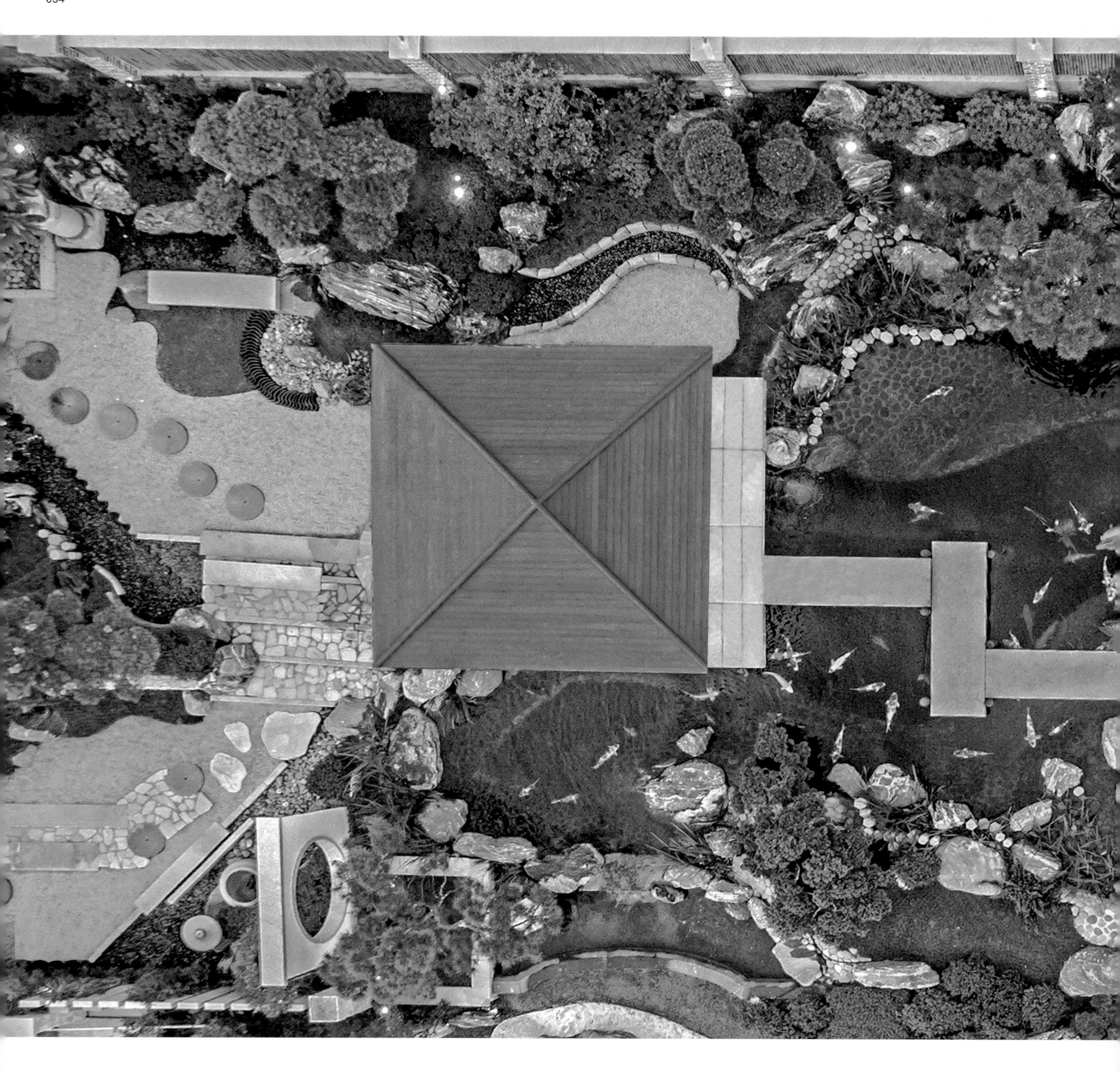

禅之庭鸟瞰图

从远处观望庭院，鱼池流水的尽头消失在这块形状如同一艘木舟的巨大景石之中，象征着动与静的相辅相成。这块景石置立在这宛如山林涧溪的景色之中，将枯山水与池泉巧妙地连接在一起，形成一幅和谐宁静的园林画卷。

形似木舟的巨大景石置立在枯山水的砂砾之中，象征大海、岛屿与船；当观者远眺时也能感受到“海”与“船”的互动，这一切给人无限遐想的空间。

泳池一旁为黑石铺贴的水景墙，旁边是采用天然的岩石拼成的山峦造型景墙，二者将两个空间分隔开。山峦造型景墙顶部用手工凿制成山峦形状，再将边缘打磨出凹凸不平的纹理，在罗汉松景观的衬托下展示出宛若山石茂林般的自然风光。

水景墙与山峦造型景墙手绘图

瀑布从水景墙的花岗石水槽中倾泻而下，流落水池之中，构成一道美妙的景观。

琴柱形石灯笼在夜晚时的灯光效果

用非对称形状的石块拼接成富有流动感的挡土石墙，放置上黑色的鹅卵石，旁边辅以砂砾，此景宛如河流汇入平静的水面。

筑山庭景石细节

卧石与立石巧妙地组合放置，让两边的景观腾出一道空间铺满黄石米。砂砾一直延伸至木屋处，形成一条有生命的“河道”，营造出延绵不绝的景深效果。

禅之庭石墙隔断出一片前庭的空间，以羽毛枫为中心，人们的视线聚集于此。巧妙配置的景石与植物，创造出和谐自然的氛围。鹅卵石环绕着横放的切石，既为装饰，又能作为踏石让人近距离观赏美景。

禅之庭石墙手绘图

庭

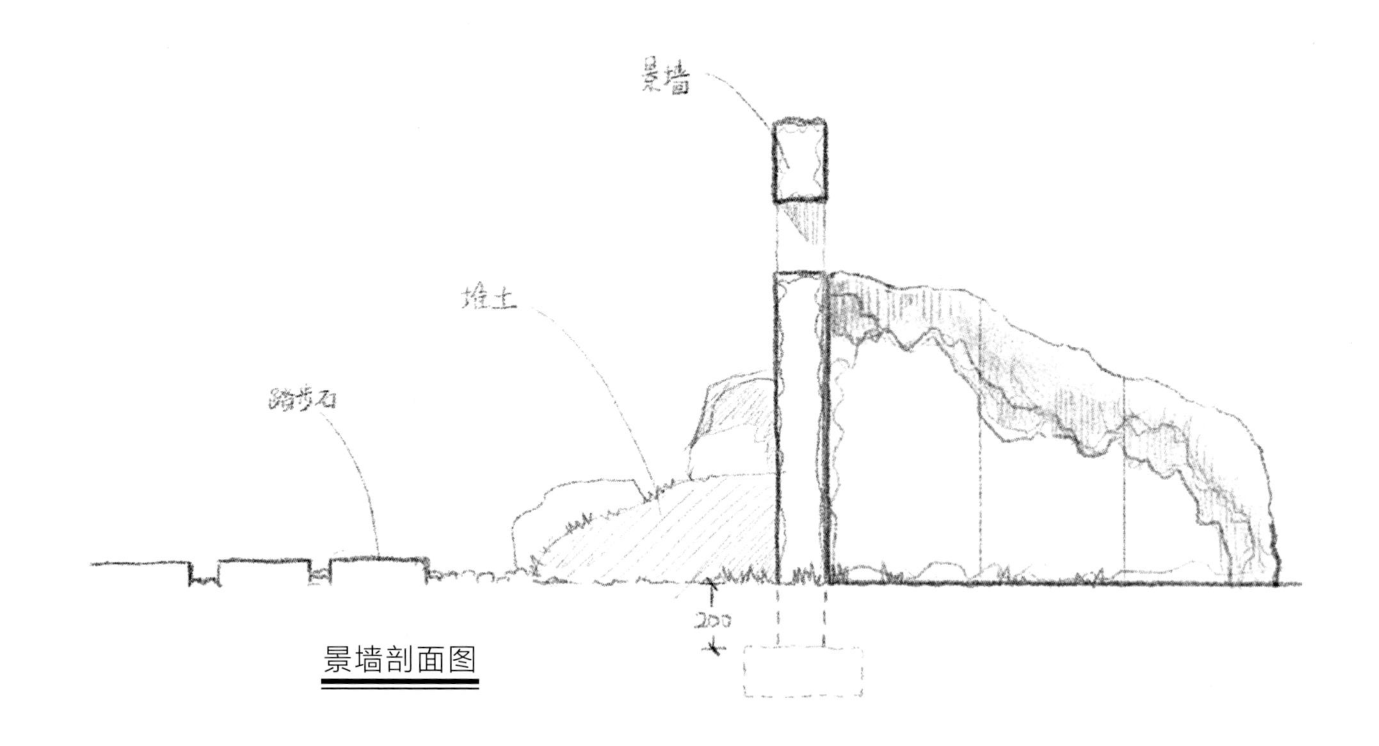

景墙剖面图

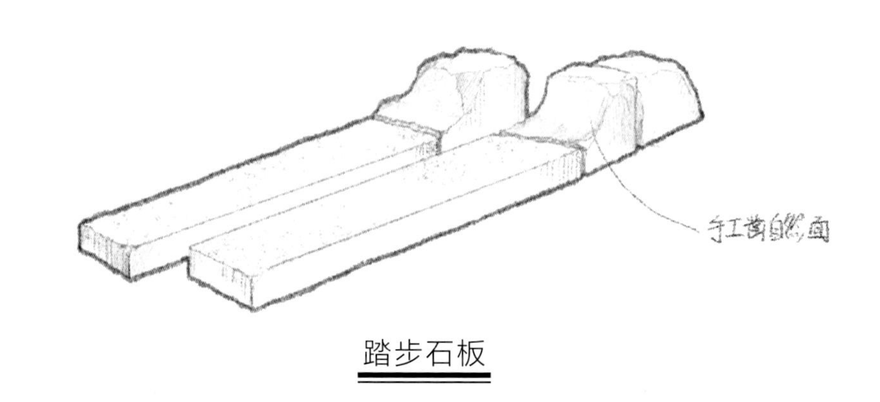

踏步石板

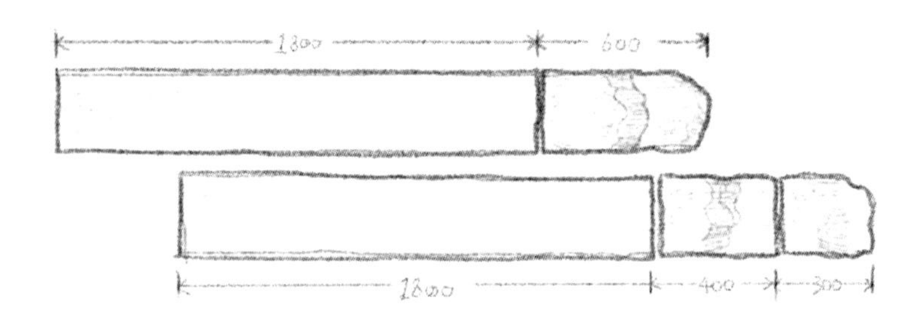

景墙平面图

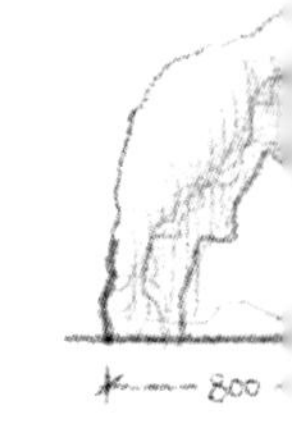

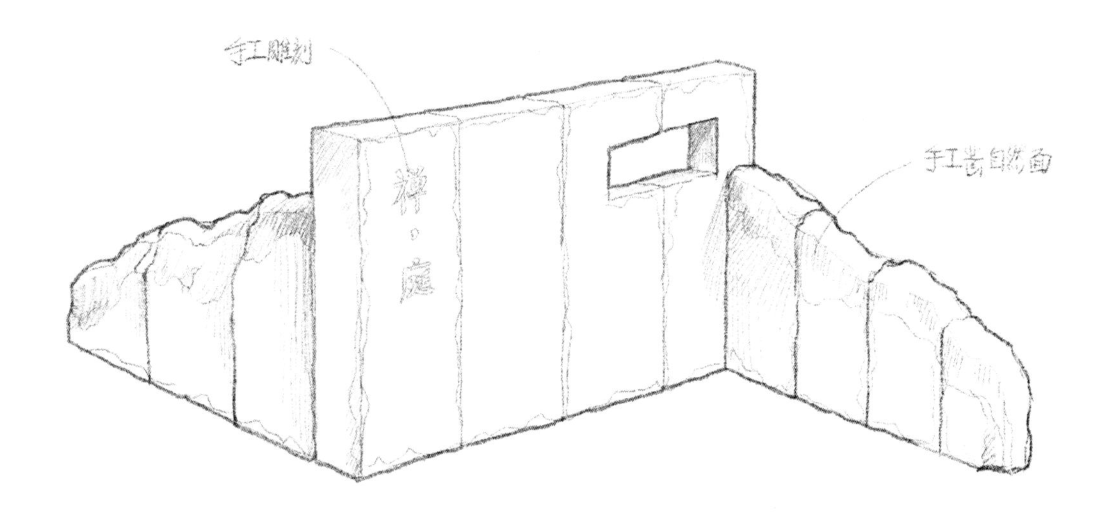
手工雕刻
禅
庭
手工凿自然面

“之”字型景墙

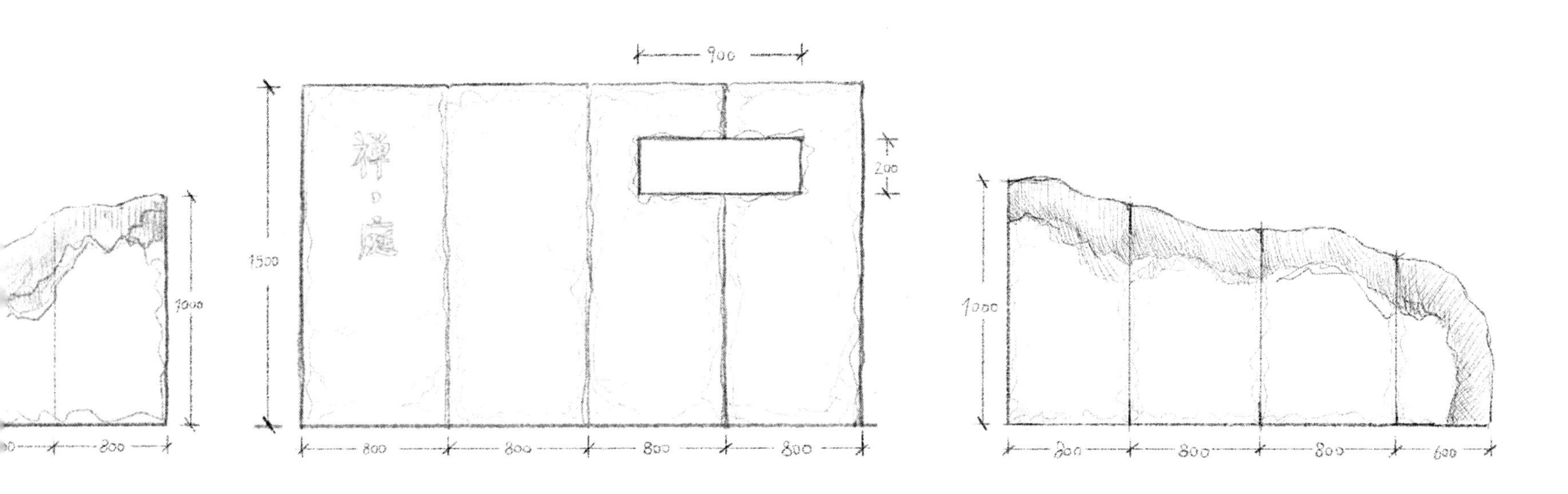
900
200
1500
禅
庭
1000
800
800
800
800
800
1000
200
800
800
600

景墙立面图

纹路各异的置石、表面粗犷的锈石与苍劲虬曲的黑松相互辉映。

羽毛枫艳红的嫩叶挂满枝头，令人赏心悦目。

禅室入口夜景

巨型六角石灯笼

庭院里的六角石灯笼，既可提供照明，也是美化庭院景观的点睛之笔。

泳池区入口的左侧是由一块巨大的泰山置石与一棵奇特的黑松组成的园林景观，二者形成一片拔地倚天、遮天蔽日的壮丽风景。

以蹲踞为中心，由景石、草木、砂砾等元素构建的枯山水前庭景观，是泳池入口前的一处观赏景点。

庭院内放置六角石灯笼。昏黄的灯光从孔洞透出，将石灯笼的古朴、枯寂表现得淋漓尽致，给人一种禅意之美。

好鸟枝头亦朋友，落花水面皆文章。

花朵放置在石砵里的砂砾之中，蕴含着在宁静中思考的深意。

粉红花瓣在一众青翠的草木之间，显得格外醒目。

庭院内栽种了不少茶梅，茶梅的花型优美，在不少植物已经枯萎的季节显得尤为醒目。它静静地绽放艳红的花瓣，为庭院增添了一份温暖艳丽的春意。

码头出入口设置一道镂空的景墙，将两边的空间隔断。罗汉松身如虬龙缠绕，郁郁葱葱。景墙中空的部分被树木阻隔了一部分视野。

泳池周边为现代风格园林小品。码头中央的位置设置了休息的户外座椅，围墙被设计成较矮的高度，隔断出两边罗汉松造景和枯山水小品。

临近傍晚，景观灯的亮光倒映在平静如冰的水面上，晚霞让周围的建筑、树木和景石都蒙上一层金黄的余晖。此景让人们浮躁的心慢慢静下来，得到心灵的慰藉和洗礼。

建筑与小景周围的灯光效果

流水被射灯照耀成金黄色，缓缓流落到鹅卵石堆之中。

按摩池的两道水景墙相互对应，花岗石铺贴的不规则造型显得野趣十足。

水从景墙的花岗石板水槽中缓缓地往下流。

黄昏时分的泳池水面，反射着太阳的光芒，一切都显得平静祥和。

造型蜿蜒曲折的黑松，向泳池的一角飘伸出去。

夜晚灯光下静谧的环境

水景墙手绘图

水景墙的另一边设置了枯山水景观，以草坪为岛、沙地为水，一石一木都精心摆放，宛如把一盆精细修剪的盆景复刻在此。此景就像一幅写意抽象画，既宁静又蕴含深远的意境。

水景墙所延伸之处，堆砌的土坡让地面产生视觉高差。景石、树木搭配在一起的园林景观将泳池与另一区域隔断开，阻隔部分视线的同时也营造出宁静的空间氛围。

圆环形状的石灯笼十分少见，让人耳目一新。

两棵不同的罗汉松在造型景石丛间，相互交叉延伸，既有一种相辅相成的平衡，又产生了自然的协调感。

水景墙旁的木亭既有休闲性，也是园林景观的一部分。草坪以自然柔和的曲线，营造出典雅清逸的氛围，并与周围的树木景石融合在一起。

老旧的石磨板也可以变成汀步，呈现出浓厚的沉淀感。

水景墙选用拉丝纹的黑石板铺贴而成，前后交错的设计手法使墙体产生空间的跃动感。水之柔与墙之刚，一刚一柔完美结合，带给人一种视觉的享受，也给予人无限遐想的空间。

门亭旁设有用一排竹子编成篱笆围起的庭院，花岗石地面上放置的黑色鹅卵石不失趣味，做工精细的石鼓迎接每位到来的宾客。

用菠萝格材料制作的门亭为庭院的另一处入口。木门木瓦的传统样式让人在门外就感受到朴素的气息。木门四周的竹栅栏阻隔一定的视线，更增加了庭院的审美情趣。

枯山水风格的罗汉松中轴岛，用土坡堆砌出岛屿的高度，以错乱的手法摆放的置石围绕在两棵一高一矮、相辅相成的黑松景树左右；用白色砂砾填满的一片区域，其弯曲的线条象征着水流的形态；两棵黑松景树，好像两个婀娜多姿的少女站在庭院的中央，向远方的贵客招手表示欢迎。

院内一处黑松景观被置于平整的草坪上。巨大的置石上盘踞着形态奇特的黑松，其蜿蜒的枝干向着通往禅房的道路延伸。草坪上还放置了大型的六角石灯笼，气势恢宏。黑松既能作为入园前的标志景物，又能给人指引路径。

禅室的窗户将户外的景色引入室内，给人一种一览众山的感觉。室内水滴造型的树枝吊灯，散发着微黄的灯光，犹如傍晚的落霞。

高耸苍劲的黑松屹立于群石之中，直冲天际，好一幅大自然的壮丽景观图。

聚龙池

游艇会的另一处是回游式——聚龙池庭院。巨型置石堆叠成假山流水，宽阔的池中设置小岛景观以增加池泉的自然灵动感，石拱桥、汀步石等元素添加了游园的乐趣。假山、瀑布、流水设计得较为缓和，呼应着鱼池整个空间的跃动感。用鹅卵石块铺贴的河堤岸线上添置着不同形态的卧石，以植物点缀蜿蜒连绵的浅滩，模糊了与草坪衔接的边界。开放式的景观设计给人视觉上营造出景深的效果。

聚龙池平面图

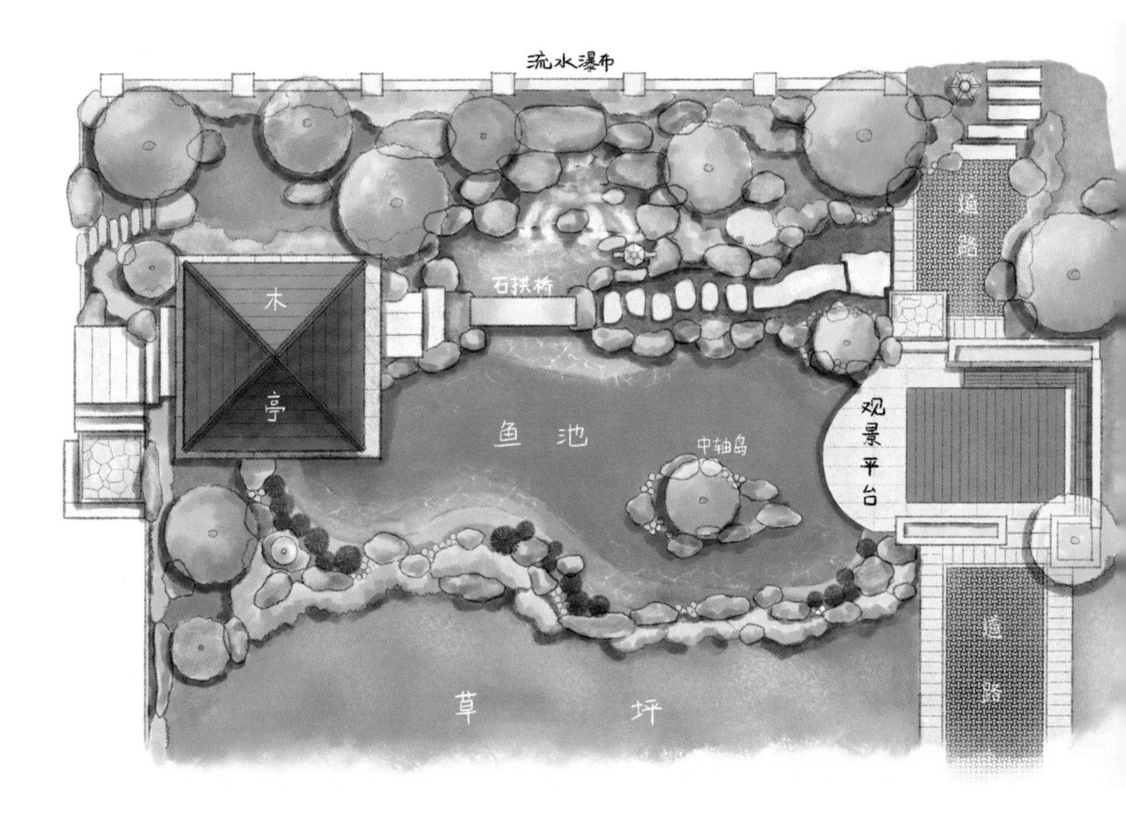

映入眼帘的巨大罗汉松向着假山瀑布延伸，与假山瀑布一同成为池泉之中的视线焦点；周围栽植的草木、静态的置石与偌大的池泉形成强烈的视觉对比，将壮丽而又静谧的鱼池景观展现给游客。

聚龙池手绘图

放眼望去，整个回游式鱼池的木亭、石阶、石拱桥、流水瀑布、小径，还有罗汉松、黑松等景树所构成的景观尽收眼底。

站在鱼池边的景石上给鱼儿喂食，体验与自然接触的乐趣。

用景石、石柱围成，栽种了罗汉松与其他植物的中轴岛屹立在池中。岸边卧石之间种植了水生的菖蒲。在波光粼粼的池面上隐约能看到悠然自得的锦鲤鱼群。

中轴岛上形态飘逸的罗汉松，与远处高耸的罗汉松形成视觉上的强烈对比，使得画面更为立体。

岸边的雪见石灯笼，彰显厚重沉稳的气息。

流水蜿蜒地从景石缝隙中穿过，再顺着层层叠石流入池中。

流水口旁设置石灯笼，增添了庭院观赏的趣味。

流水瀑布旁游动的鱼群

水从假山瀑布顶端流出，穿过层层堆叠的置石，最后汇入池中；置石的缝隙里种植菖蒲，增添了流水景观自然的生机感。

通过回游式庭院的石拱桥，穿过汀步石小径，达至观景平台，站在此处能观赏到整个庭院的自然美景。

聚龙池瀑布手绘图

池中的立石

鱼池石拱桥与置石

天然的石块经过精心地打磨后变得光滑平整，铺设出一条通向木亭的路径。

池水在水草缝隙间流动，顺流而下激起层层水花，泛起了涟漪，再经过石拱桥缓缓流向鱼池中央，吸引着锦鲤纷纷聚集。

参天的罗汉松，像一座高耸入云的宝塔，既挺拔又茂盛。每棵松树都青翠碧绿，笔挺地伫立在蜿蜒的小径之上，遮云蔽日。

依傍着景石，飘伸至流水水面的罗汉松与真柏形成一幅“明月松间照，清泉石上流”的景象。

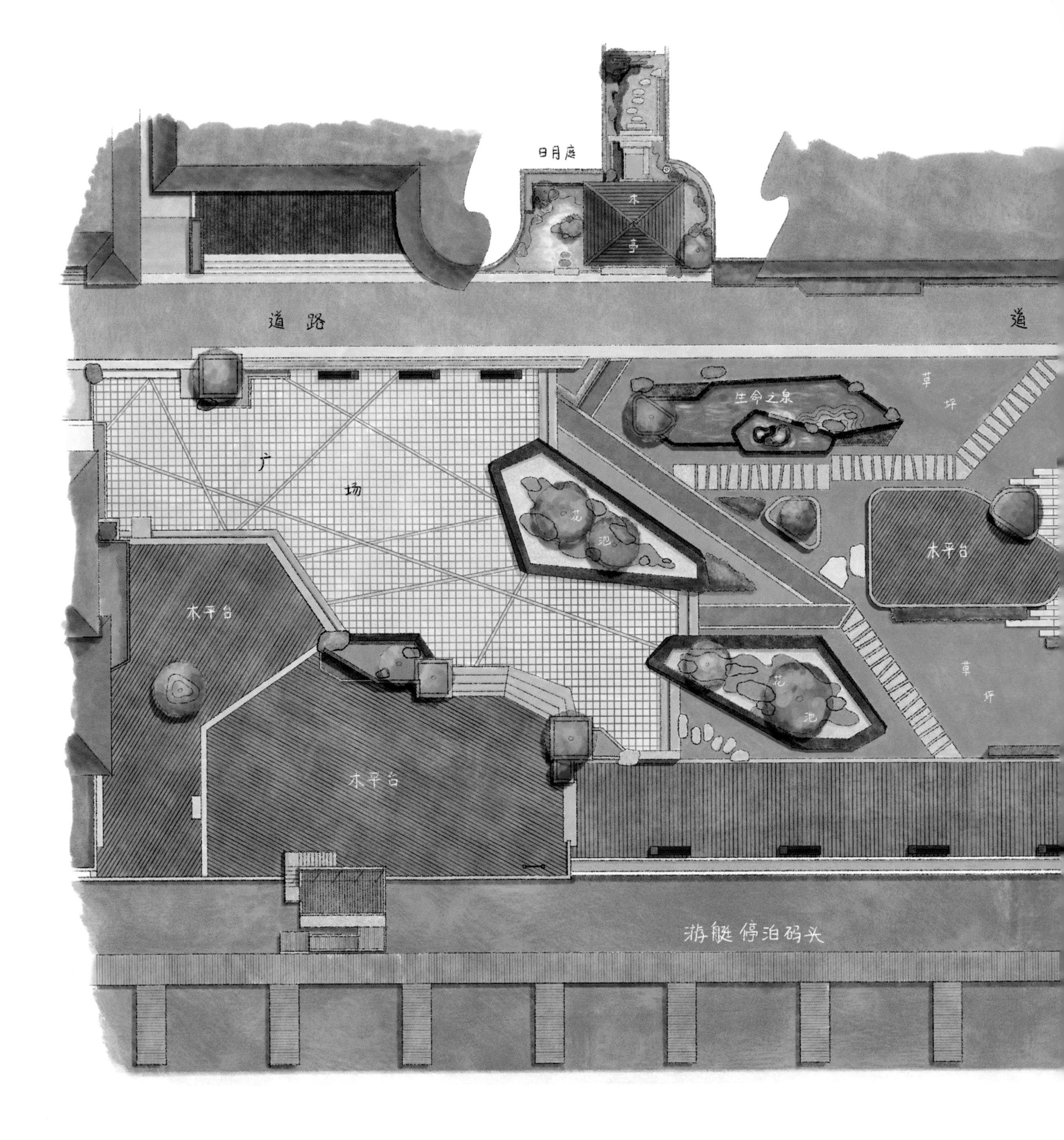
日月庭
木
亭
道路
道
生命之泉
草
坪
广
场
花
池
木平台
木平台
木平台
花
池
草
坪
游艇停泊码头

广场

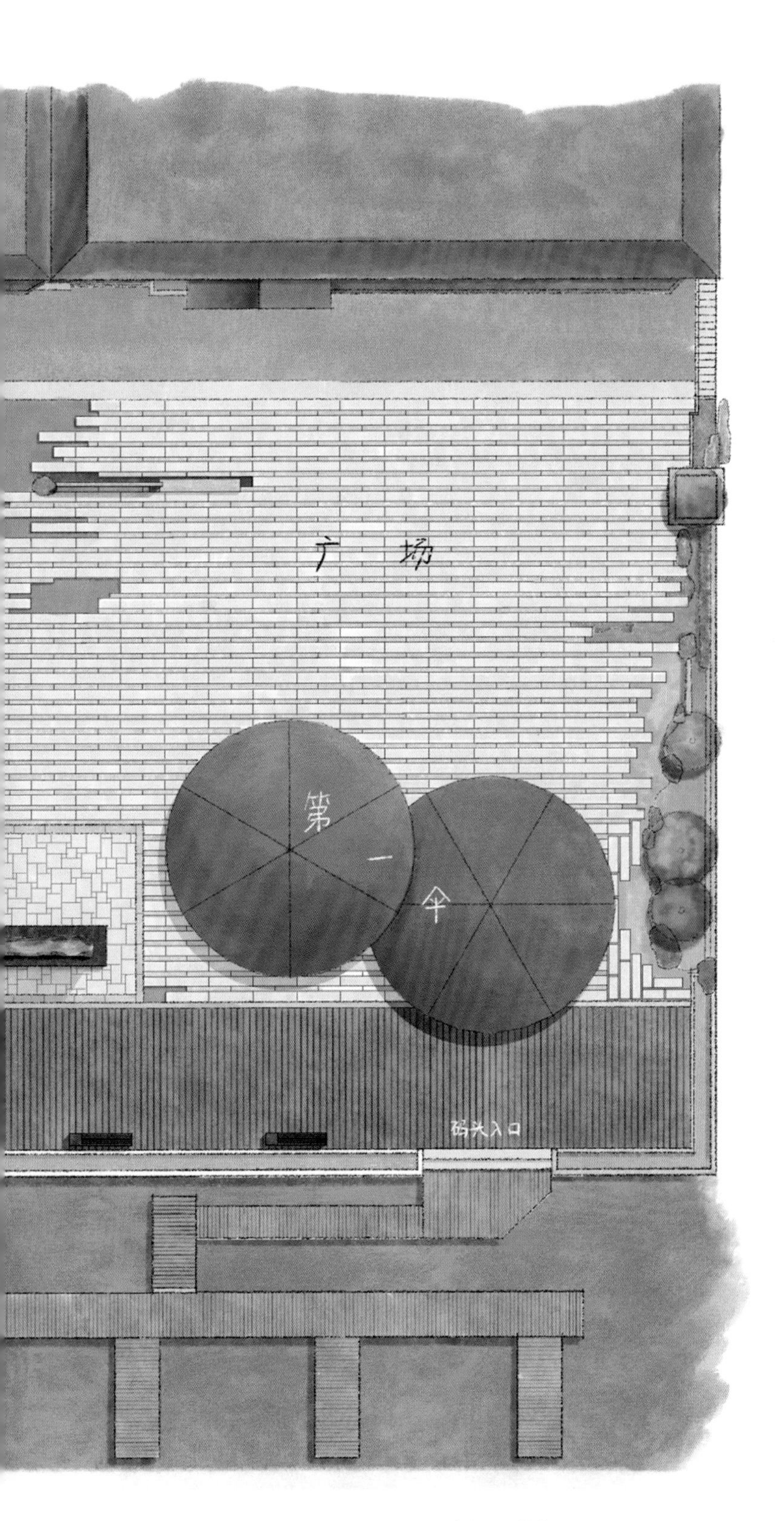

广场平面图

游艇会的广场是根据它的功能性和实用性规划设计而成的，由“生命之泉”水景池和“日月庭”景观组合而成。广场中心连通提供游艇停泊服务的码头。

“生命之泉”用现代简约时尚的设计风格，营造出充满活力、动感的气息；两个“钻石”造型的景观花池，相互呼应。广场的地面是将工整的麻石铺贴后用几何型的线条分割衔接而成。观景平台则是用户外木板铺设而成，给游人提供了休闲娱乐的空间。广场还设置了名为“中华第一伞”的巨型建筑，为空旷的场地提供了遮阳的功能。

广场的一角，是以枯山水为主的庭院景观，名为“日月庭”。庭院里设置了木亭为游客提供歇息的地方，从木亭继续前行，平整的路面连接至蜿蜒的石汀步，给人以道路无限连绵的遐想。

生命之泉

游艇会的广场处，有一座名为“生命之泉”的现代风格景观池。三个非对称“钻石”形状的造型池，在视觉上给人巨大的冲击。景观池的顶部有两块巨大黑石被人工凿成“一高一低、一阴一阳”的太极造型涌泉石座，其寓意是希望人类活动顺应大道至德和自然规律，不为外物所拘，“无为而无不为”，最终到达一种无所不容的宁静和谐的精神境界。

用手工凿成的太极造型涌泉石座，其表面的肌理纹展现出匠人匠心的工艺精神。

巨大的黑石经过设计加工，拼接成两个巨大的“钻石”造型罗汉松景观花池。巨大的置石在花池中伫立，与景树形成强烈的对比。

“钻石”造型的花池一直延伸至广场远处的开阔区域。中间的道路一直延伸到对面的两座巨型建筑——“中华第一伞”，它将现代的钢铁结构与古朴的木材相结合，参考了伞的固定结构而设计成弧形支架，顶部的镂空设计在考虑美观的同时，也考虑到减少风的阻力。

日月庭

广场处的“日月庭”，在构思的过程中，以方正的风景墙代表“日”，月亮门代表“月”，故命名为“日月庭”。圆弧的造型像画框一样，将背景中的置石景观囊括其中。月亮门前两边再辅以青翠的植物与置石，增加了庭院的观赏性。

夜幕降临，在微黄灯光的照射下，三块直立放置的泰山石片纹理隐约可见。风景墙上铺贴的拉丝纹路石板、精心设计的方形洞孔也在光线照射下，呈现出不同的阴影效果。

形态独特的罗汉松，在木条背景装饰墙下，显得高贵优雅，与地面的泰山石片相衬托，一树一石各有韵味。

广场的另一处水景墙被设计成半圆弧的造型，雕刻成山峰形状的白麻造型石板在背面打上暗藏灯光之后，有了形似日出般的视觉效果，故命名为“旭日初升”。

游艇会入口是一处由泰山切石与砂砾结合的枯山水景观。纹路粗犷的泰山石置于白色的砂砾之中，白麻石板的浅色调和背景墙的深色调，形成一幅崇山峻岭的景象。背景墙的黑石板将苍劲有力的罗汉松衬托得尤为引人注目；圆形的洞口别有韵味，如一轮明月高高挂起。

夜晚时分，在灯光效果之下，此景仿佛清晨太阳在山间缓缓升起，故命名为“日出东方”。

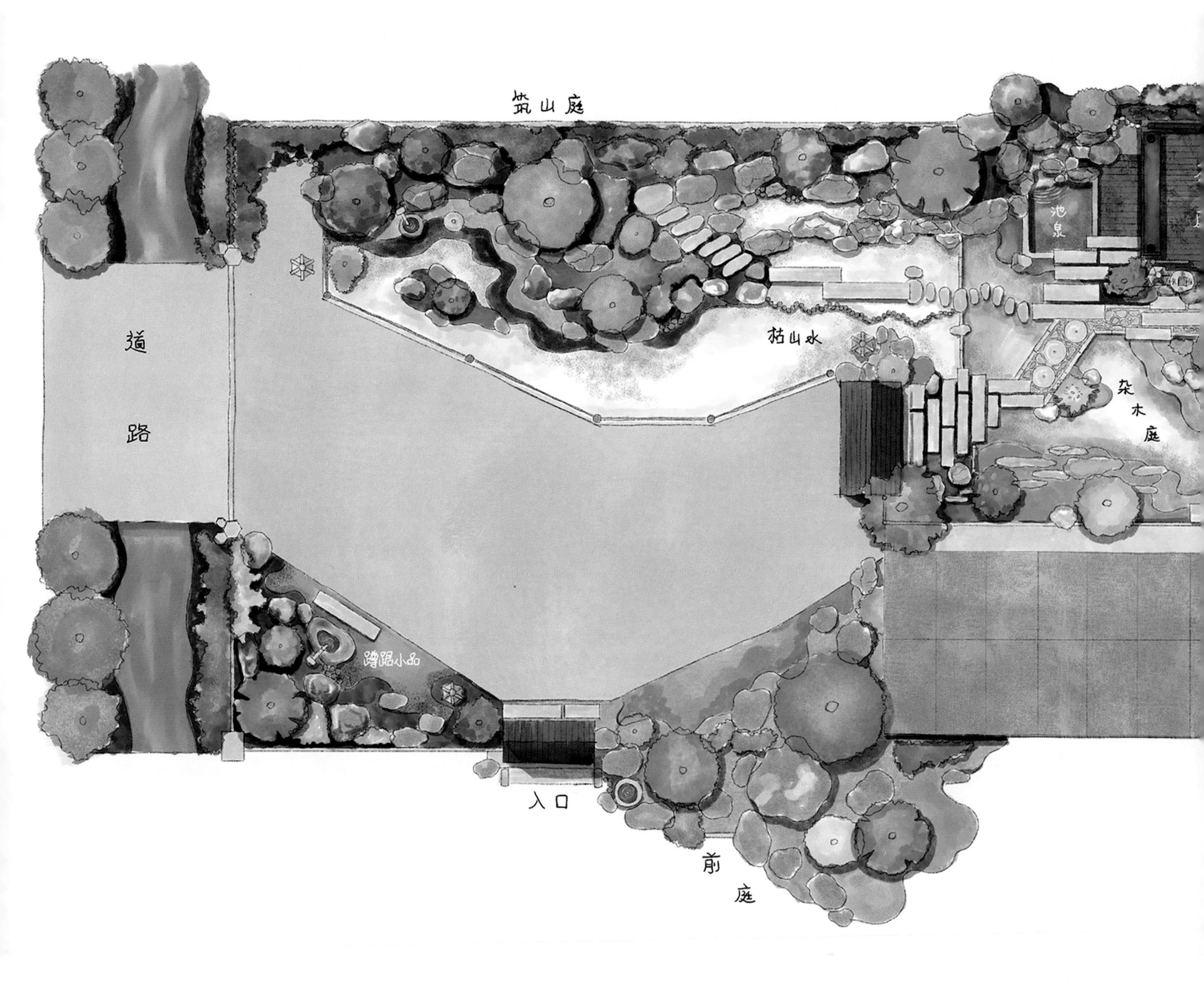
筑山庭
道路
枯山水
池泉
杂木庭
蹲踞小品
入口
前庭

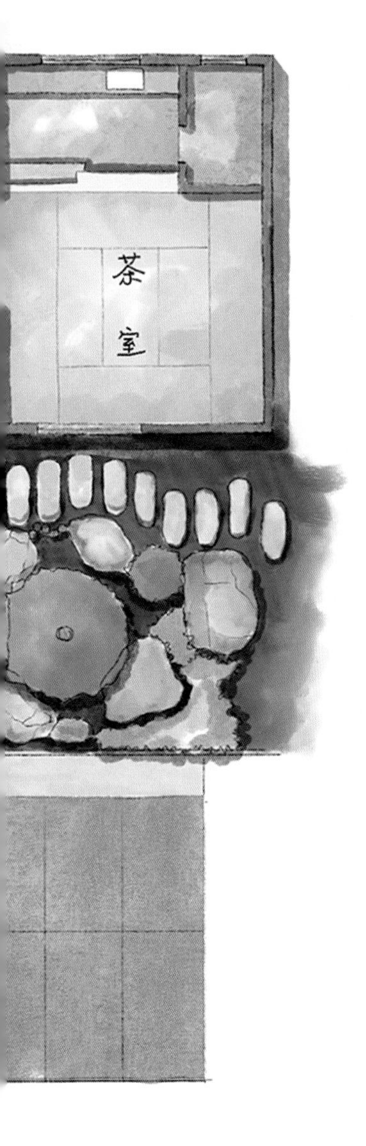

枫之庭

枫之庭位处广州市郊区一条车流量大的国道旁的一所花木场内。这里来往车辆密集，平日特别嘈杂，花木场主希望通过建造一个日式园林，来营造一个安放心灵的空间，让来者暂时忘却烦琐的工作，让身心沉浸其中，得到久违的释放，同时感受大自然的气息……

枫之庭根据地形趋势，划分了前庭、筑山庭、茶庭、枯山水景观等区域。在庭院边界处设有一处前庭景观，让人在进院前稍作停留，平和心境后再走进院内；在左边一侧设计了以蹲踞小品为主的庭院景观，将身处角落的劣势化腐朽为神奇。

门亭正对的便是以泰山置石、树木植被和土坡堆砌而成的筑山庭景观，山势此起彼伏、错落有致，景石层次分明、极具匠心。庭院栽种了很多的罗汉松、红枫、茶梅等植物，让人感受到春夏秋冬，四季分明的样子。庭院中常见的石灯笼、石钵也放置其中，崎岖的石板桥与汀步衔接着茶室门前的一处池泉，此处也可以移步至杂木庭和茶庭。

穿过庭院的第二道门亭，便来到了杂木庭。用石板铺设而成的曲折小径，给游园增添了趣味。再移步，便来到了茶庭。茶庭内设置了蹲踞小品供游人净手，随后进入到茶室。茶室内可容纳七八个人，在这里可以品茶禅修，也可以与三五知己畅谈人生。

枫之庭平面图

庭院借鉴了日本大仙书院里“枯山水”的设计手法，规划出由置石景树构建的筑山庭和利用白沙象征旱溪、石桥等元素的“枯山水”，以及杂木庭和茶庭。庭院以强而有力的巨大黑石块组成“龙门瀑布”石山组，栽种了很多红枫、羽毛枫及罗汉松等，故被称之为“枫之庭”。这里四季分明，景色格外艳丽。天然的花岗石砌成的石桥和迂回曲折的小径蜿蜒穿过了用白沙铺成的小河、群石，经过错落有致的山峰，一步一步到达顶峰，寓意人生从平坦的路上，经过不断努力，最终达至名为“人生之路”的高峰……

前庭旁边进入庭院的入口处，是由菠萝格材料、六角石柱制成的日式门亭。门亭右侧添置景石、罗汉松、石钵和石鼓等作为入院前景，让客人进院前能停下脚步欣赏，增添了游园的乐趣；左侧用竹篱笆围起一部分前庭的景观，隔绝一部分来自道路的视线。大块的景石坐立在一侧，和高耸苍劲的松树相互映衬，与周围其他景观形成对比，从而成为客人视觉的焦点。

枫之庭入口手绘图

枫之庭入口处，旧式的门亭石柱表现出一种坚实、粗犷的风貌，地面巨大而又平滑的踏石，增添了古韵风味。

木质的门亭、竹篱笆围墙与周边的景色浑然一体，在景石、植物的点缀下，一同构成前庭的自然景观。

巨大的六角石灯笼作为前庭的照明灯，造型精美，吸引游人的目光。

前庭大片排列整齐的竹篱笆阻隔了庭院外的视线，竹制的材料呈现出古朴怀旧的味道，此处以竹篱笆为背景，将各石块的气势、韵律整合为一体。

蹲踞小品手绘图

景石置于草木之中，古朴的石灯笼隐蔽于自然生长的植物之间，形成一片生机勃勃的景象。

被微风吹落的茶梅花瓣，掉落在自然形态的圆盘石钵的静水面上。前端的置石在艳丽的背景衬托下，显得格外朴素儒雅。

苍劲魁梧的黑松，争奇斗艳盛开的茶梅，给人一花一树、一刚一柔的视觉体验。

天然石块凿制而成的自然石水钵配上竹筧，装置成流水的蹲踞小品，放置于庭院内的一角，成为一道别样的风景。

自然石置于砂砾地面，待水钵溢满后，水慢慢地从石块凹陷的地方流落到砂砾地，十分引人入胜。

庭院的三尊石高低错落，在羽毛枫、蕨类及山兰的呼应下，有种远山近水的感觉。

石灯笼为来到庭院的宾客提供照明，在六角石柱、景石的衬托下，显得朴实无华。

前庭有块巨大的象形石，石形犹如一只瑞狮双手抱拳站立在庭院门旁，恭候远方到来的贵客。

筑山庭

进入庭院内，在平坦的地面上，大块的景石、青翠的黑松组成的大型筑山庭景观映入眼帘，给人以大自然无比宁静深邃的感觉。

筑山庭手绘图

筑山庭入园景观

透过石洞的独特视角观望，一树一石、一花一草映入眼帘，形成一幅天然的图画。

筑山庭与茶庭相互连接，层层堆叠的土坡、置石与景树一同形成景深效果。筑山庭旁的杂木庭入口是由菠萝格木材制成的日式风格的门亭。

从杂木庭顶端观望四处的风景，一览无遗。人们可以穿过石桥和汀步小径来到杂木庭。

门亭旁的景石、石灯笼搭配汉白玉石的貔貅恰到好处，展现出祥和安逸的氛围。

鱼池边，植物在石缝之间生长茂盛，形成一幅自然恬静的优美画卷。

在土坡、绿植与树木之间，有一条用不规则形状的石板连接的汀步小径。沿着汀步小径缓缓走着，细致欣赏，可以让身心沉浸在这幽雅静谧的庭院景观之中。

茶梅从置石与鹅卵石土坡的间隙伸出，自然生长，增添了观赏的野趣。

黑色的石米围绕在用鹅卵石筑成的山坡边缘，在枯山水砂砾地的对比下，宛若河岸浅滩，用不规则摆放的置石和青翠植物加以点缀，形成视野开阔的筑山庭景观。

巨大的置石横卧在土坡上，与远处前庭耸立的石块相呼应，形成景外有景的视觉效果。

河道旁放置的景石被茂密的植物所覆盖，景石将造型奇特的罗汉松包围，形成与自然浑然一体的景象。形状不一、纹路粗糙的石柱将两处不同的砂砾地分隔开，形如一条流动的河道。

二组石、巨大的胜手石在庭院的中央挺拔直立，让人感觉到力量的泉涌。

门亭前飘逸的羽毛枫在阳光和雨露下充满生机。

古井型的水钵埋入地面，搭配向钵式蹲踞，右侧配置了雪见石灯笼，用于水钵周边的照明。庭院中景石旁生长的蕨类，在周边砂砾的衬托下，给人一种绝处逢生、生机勃勃的感觉。

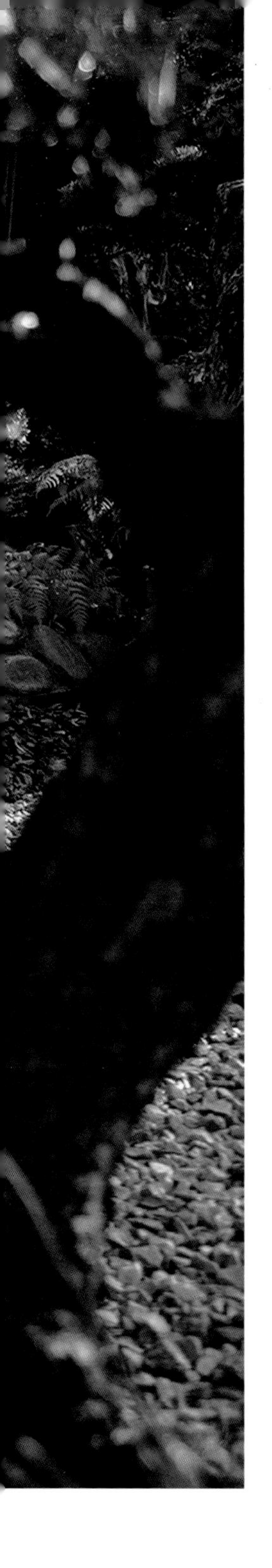

雪见石灯笼

越过鹅卵石砌成的山坡，在红枫、罗汉松及石灯笼的遮掩下，一座茶室隐隐约约地浮现在眼前。茶室两边景色迷人，让人仿佛进入了另一个宁静祥和的世界。

竹笕和自然石水钵

放置在砂砾地的雪见石灯笼

枯山水

庭院里，有一处以“龙门瀑布”为亮点的枯山水景观。把置石与砂砾结合的干景比作假山流水，将景石巧妙地堆放，形成重峦叠嶂的景象，让人感受到自然静谧祥和的氛围，以达到“不出城市而共获山林怡”的境界。

景石千姿百态、妙趣横生，如同一幅生动的水墨画。

放置在汀步上的止步石

黑石的粗犷纹路细节

石板桥表面因摩擦而变得粗糙，充满时光流逝的痕迹。

两块石板桥拼接在一起，越于平整的砂砾地之上，放置于山石草木之间，展示出沉稳、静谧的庭院风貌。

象征瀑布的“枯山水”景旁，巧妙地栽种了茶梅、红枫、羽毛枫及蕨类等植物，在夜幕灯光的照射下，格外迷人。

岬形石灯笼放在门边的置石上，灯光给客人提供照明指引。

飘落的花朵与铜钱形的石钵，形成了一道别样的风景。

放置在汀步上的止步石

水钵在山兰、零星小花的衬托下，野趣十足。

漫步在从茶庭通往筑山庭顶端的汀步上，徜徉在山石草木之间，令人心旷神怡。

杂木庭

杂木庭入口处的门亭，由柚木材料制成，其斑驳的痕迹带有几分古朴的气息。杂木庭连通着茶庭、茶室，与筑山庭的景观不同的是，杂木庭内栽种树木、花草，还设有锦鲤鱼池，以观赏四季分明的样貌，故名为——杂木庭。

独特的貔貅造型石雕，给庭院增添了几分宁静祥和的气氛。

以篱笆为背景的门亭，在茶梅、羽毛枫及竹子的映衬下，显得格外朴实无华。

远处巨大的石块棱角分明、线条刚硬，在木屋后，展露出巍然屹立的姿态。

水景是庭院中不可或缺的元素。精心修整过的流水石山，搭配一些杂树和水草，共同构成一道生机勃勃的自然水景。

茶梅的枝节、麻石台阶，以及后面隐约可见的石灯笼、石块和植物，构成一幅恬静安宁的画面。

琴柱形的石灯笼，长度不同的双脚为其特征。

庭院的中央，三组形态各异的石块组合成的山景，在白砂砾中更显得优雅别致。

杂木庭门亭前摆放的四神兽马栓，在古代有着吉祥镇宅、辟邪的作用，现在多以装饰品的形式添加进庭院里，别具韵味。

门亭一旁，用手工凿制的石块被重新拼接成起伏的形状，与点缀的植物形成自然的美感；而坐落在景石上的石灯笼，就像为人们指引方向的明灯，韵味悠长。

用篱笆做隔断，将两个空间分开，旁边放置石块并栽种山兰和蕨类，增添了观赏野趣。

杂木庭门亭入口旁的竹篱笆与石缝之间生长的羽毛枫，其飘逸的红叶，成为庭院里多姿多彩的景色。

路过飞石，穿过用砂砾铺成的“小河”，再走过石板砌成的桥，便进入了庭院里“枯山水”的主峰。主峰造型奇特，犹如峡谷一样。两旁栽植几棵形态优雅的罗汉松、红枫及茶梅等植物，就像进入了山林的深处。龙门瀑布向着低洼的地方，缓慢地往下流，然后进入砂砾汇聚的“大海”，与其融为一体，寓意“海纳百川，有容乃大”。

枯山水·龙门瀑布手绘图

飞石、砾石和庭院石，兼具实用性和观赏价值，是庭院造景的主要元素。

用大块鹅卵石铺贴而成的山坡，在背景翠绿的零星花群下，把粗犷的三组石衬托得更为醒目。

生长在石缝间的蕨类

在庭院巨大的置石间生长出来的蕨类，就像枯尽的沙洲中的那一抹绿色，在静默的丛石中顽强生长，让人感受到其不畏阻力、顽强迸发的生命力。小石块、砂砾组合形成一黑一白的视觉效果。

进入杂木庭门亭处，一块由人工精心雕琢而成巨大的汀步石置于地面，让人稍作停顿。在此欣赏汀步石的美观大方、浑然天成，也别有一番韵味。

花岗石铺贴而成的路面细节

用不同形状的花岗石铺贴而成的小径，一旁栽种了茶梅、竹子和零星小花，营造出优雅静谧的氛围。

枝繁叶茂的羽毛枫以及茶梅，映衬着巨大的景石，给人一种厚重安稳的感觉。

在有限的空间里，栽种了红枫、朴树及黄金竹等植物，各种不同枝干的线条巧妙搭配，形成一幅四季分明、多姿多彩的杂木庭景观图。

茶庭

不规则花岗石铺贴的通道，与茶庭前的蹲踞和谐地衔接在一起，展现出粗犷的纹路。一旁的茶梅花开，使园路景色充满变化。茶庭前的蹲踞有入室前洗手、净心的功能。置石旁用一些植物加以点缀，增添观赏的乐趣。

茶庭・茶室手绘图

庭院一侧的建筑是庭院内最早建设的茶室，如今已和周围的置石树木景观完美地融合在一起；石桥汀步路以及花岗石铺设的路径，成为其他空间与茶庭、茶室连接的重要纽带。

庭院置石旁风雨花开，在雨露刷洗下形成了一处奇花异草的景致。

门亭旁的庭院石背后伸展出茶梅的花朵，在置石与石板间生长的山兰，充满野趣。

在进入茶庭前的一小部分空间里放置石水钵，在石钵的周围放置石块，栽种丛生的植被杂草，给入口处增添了别致景观。

坐落在京都龙安寺露地内的铜钱形水钵，水钵上面的刻字为“唯唔知足”。

石水钵在日式庭院中是不可或缺的景物，在中国古代用作给游人洗手。

水从木贼草的缝隙中流过，再流入池中，别有一番趣味。

这盏琴柱型石灯笼在红枫 、黄金竹、景石及篱笆等景观的烘托下，显得尤为素雅，别有一番韵味。

真柏盆景

Juniperus chinensis var. sargentii
真 柏
Estimated age over 300years
shimpaku juniper

五叶松盆景

五葉松

冬青盆景

五叶松盆景

红豆杉盆景

茶室内设置了多幅日式格栅屏风作为隔断，增添了浓烈的日式和风韵味。茶室内以一幅枯寂的手绘山水画作为背景墙。两块踏脚石让人进入前脱下鞋子，随后再进入茶室。人们可以在这里静心、冥想。

南瓜形状的茶壶被悬挂起来，别有一番趣味。

原木茶台展示出它自然的边缘，搭配古代马车车轮形状的木质坐垫，整体古朴又不失韵味。

茶室地台铺设榻榻米地垫，可席地而坐，客人可围坐在木台前喝茶畅谈。背景墙用手绘的方式勾勒出一幅丛山、密林与夕阳西下的大自然景观。从海外淘来的日式鱼叉摇身一变，成了铜制茶壶的挂钩，显得趣味十足。

三块不同形态的景石错落有致地堆砌在土坡上，铺设上苔藓，栽种黄金竹、蕨类和山兰作为点缀，成为庭院内一处自然小品，让人在观赏的过程中，感受这个空间带来的生机与禅修的意境。

从茶室望去，一旁是用石块和大块的鹅卵石围成的洗手水钵，流水的竹笕从造型独特的景石后伸出，显得趣味十足。角落放置的岬形石灯笼透出微弱的灯光，在竹子制成的篱笆围墙和花岗石裙边的衬托下，营造出一种宁静祥和的氛围。

巨大的六角石灯笼，在红枫树的映衬下，显得格外明亮。

秋季正是红枫的最佳观赏季节，枫叶色泽绚烂，形态别致优美。

国外游学

游学经历

2014 年随清华大学到日本游学
2015 年在欧洲包括意大利米兰理工大学游学
2016 年在日本游学
2017 年在美国宾夕法尼亚大学游学
2018 年在日本游学
2019 年在日本游学

参加美国景观设计师协会学术交流会

现场手绘

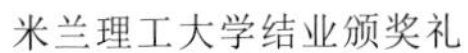

米兰理工大学结业颁奖礼

在美国宾夕尼亚大学制作沙盘模型

日本游学

户外写生

鸣谢

绿资园林材料商城

Zhongshan lvzi Gardening Development Co., LTD

公司简介

绿资园林材料商城联合全国各大材料供应商，共同打造新一代协同运营供应链，致力与材料供应商、加盟商、终端客户共同构建一个高效、诚信的产业平台。绿资以自身独特的经营手法和完善的管理体系，不断引入全国各地加盟商和园林材料品牌加盟到“绿资商城”，协同运营设计师、供应商、加盟商与终端客户，共同搭建一个点对点的服务平台。平台具有沟通响应快、技术更新快、物流配送快等服务特色，为园林设计工程提供一站式解决方案。

杨健生（左）与冯标成（右）、罗霖（中）的合照

户外灯光效果

一站式采购供应链

1. 花园智能配电
2. 景观照明
3. 鱼池水族
4. 喷淋灌溉
5. 泳池设备
6. 户外家具
7. 户外木材／塑木
8. 户外遮阳／铁艺
9. 户外石材／石雕／文化石
10. 景石陶瓷砖瓦
11. 古建资材
12. 阳台资材
13. 软装／艺术工艺
14. 花卉植物
15. 化肥农药
16. 设备工具
17. 灭虫驱害
18. 花盆花箱
19. 其他资材

锦鲤鱼池实景

大型会所户外钢结构

锦鲤过滤系统设备

公司简介

Finngardens 北欧小院主要从事北欧风格的室外产品的销售和研发，总部设在广州，并在芬兰、香港、南京、重庆、成都设有办事处，是 Garden Decking 花园装饰，Garden Woodhouse 花园木屋品类开创者，同时也是 Garden Kitchens 花园整体厨房品类的开创者。在北欧风格花园基材方面，北欧小院在中国地区主要推广芬兰原装进口 LUNAWOOD 深度炭化木、芬兰 HARVIA 桑拿房，以及丹麦原装进口 BONDEX 户外水性漆、芬兰 KESTOPUU 原装进口防腐木、北欧芬松胶合木和原木墙板、地板等。

进口花园地板
销量遥遥领先

HARVIA

——汇聚天下石艺精英，专注解决石艺界疑难杂症

公司简介

河北石艺汇是集矿山开发、石材、雕刻、景观石、砾石等园林资材加工设计为一体的综合性石艺公司，致力于服务全国各大园林设计、施工公司以及地产、市政、园林项目，提供有关石头、雕塑等二次设计的各种咨询服务。

意桥岛落成后夏建兵（左）、杨健生（中）、田光欣（右）的合影

精心把控每块石头的细节及肌理纹

亲临石家庄国脉园林石场挑选石材

上海展览会现场石艺景观

现场指导工人加工石材

人工造成自然面铺石

广东省锦鲤协会

协会简介

广东省锦鲤协会，英文名称为Guangdong Koi Association，是中国最早成立的、国内唯一具有独立法人资格的省级锦鲤协会，协会办公场所位于广东顺德容桂南宏文创园内。

目前广东省锦鲤协会有73个单位会员。在国内外享有盛名的锦鲤场，如顺德长龙锦鲤场、广州美源锦鲤养殖场、中山嘉鲤养鲤场、佛山团和锦鲤养殖有限公司、惠州东江养鲤场、广州锦汉养鲤场、海港锦鲤集团等均是广东省锦鲤协会的会长、副会长、秘书长、理事级单位。

协会每年主要举办两场赛事：中国锦鲤大赛和中国锦鲤若鲤大赛。中国锦鲤大赛自开始举办至今已连续举办二十届，被誉为锦鲤界殿堂级赛事。近几年来赛事规模越来越大，参赛鱼从第一届的32条到第二丨届的2235条，数量越来越多，相应的参赛鱼的品质也越来越高，与锦鲤相关的参展商的数量也越来越多，目前该赛事已成为与日本东京大赛相媲美的锦鲤界盛大赛事。当然这些都离不开广东省锦鲤协会不遗余力地大力推广。近几年来在以潘志成会长为核心的领导班子的带领下，协会本着为行业服务、为社会服务、为政府服务、为会员服务的精神，致力于将中国锦鲤行业做强做大！

精品锦鲤

锦鲤鱼池

和之枫景观设计

Winzden Gareden design Co.Ltc

和之枫—自然之风—尊贵之风，中国日式园艺的第一家，专业打造属于你的私家日式庭院……

公司简介

和之枫坐落于繁华而幽静的南沙，从事枯山水庭院、茶道庭院、回游庭院等日式庭院与和风锦鲤池设计，拥有二十年的日式园艺设计及施工经验。和之枫以“山重水复疑无路，柳暗花明又一村”的风格，在业界享有声誉。园艺设计师本着以人为本、因地制宜的设计理念，秉承日本园艺之精髓，强调“天人合一，回归自然”的造园理念，打造出极具自然美感的园林，深受客户的青睐。在所谓“完美有其尽头，而缺陷则馀味无穷”的理念中，营造出“超越完美的缺陷美”，将每个庭院都置身于生机勃勃的大自然当中。

和之枫根据您的需求和喜好，量身订制属于您的私人日式庭院。从设计、选材、施工到维护，和之枫委派专业人员一直跟进，竭诚为您提供专业、舒适的一条龙服务。

获奖经历

2015 年获广东省“南粤杯”行业杰出贡献奖

2015 年获第五届艾景奖国际园林景观规划设计大赛年度优秀景观设计奖

2016 年获第六届艾景奖国际园林景观规划设计大赛年度十佳景观设计奖

2017 年获广东省“南粤杯”景观工程项目设计技能大赛影响中国—广东省十佳景观规划机构

2018 年获第四届“中国影响力品牌”电视盛典中国日式庭院设计十大匠心品牌

2019 年获第五届“中国影响力品牌”电视盛典意桥岛“中华第一伞”现代创意设计金奖

施工现场

现场实景图

造园不仅要与环境自然过渡，更要对庭院这一建筑形式充分理解，不断提升自己对庭院艺术的认知。

愿你在不断学习的过程中迸发发出思如泉涌般的创作热情！

图书在版编目（CIP）数据

意桥岛・枫之庭【自然式】山水 ：杨健生作品集 / 杨健生著. — 广州 ：广东经济出版社，2021.10
ISBN 978-7-5454-7922-5

Ⅰ. ①意… Ⅱ. ①杨… Ⅲ. ①园林设计－作品集－中国－现代 Ⅳ. ①TU986.2

中国版本图书馆 CIP 数据核字（2021）第 177587 号

摄 影 师：邓启发　黄仲凯　黄润昌
责任编辑：陈　潇　王春蕊
责任技编：陆俊帆
封面设计：读家文化

意桥岛・枫之庭【自然式】山水 ：杨健生作品集
YIQIAODAO・FENGZHITING 【ZHIRANSHI】SHANSHUI: YANG JIANSHENG ZUOPIN JI

出 版 人	李　鹏
出　　版 发　　行	广东经济出版社（广州市环市东路水荫路 11 号 11 ～ 12 楼）
经　　销	全国新华书店
印　　刷	广东鹏腾宇文化创新有限公司 （珠海市高新区唐家湾镇科技九路 88 号 10 栋）
开　　本	787 毫米 ×1092 毫米　1/12
印　　张	19
字　　数	110 千字
版　　次	2021 年 10 月第 1 版
印　　次	2021 年 10 月第 1 次
书　　号	ISBN 978-7-5454-7922-5
定　　价	380.00 元

图书营销中心地址：广州市环市东路水荫路 11 号 11 楼
电话：(020) 87393830　邮政编码：510075
如发现印装质量问题，影响阅读，请与本社联系
广东经济出版社常年法律顾问：胡志海律师